DÉCOUVERTES

ÉTIOLOGIQUES, PARASITAIRES ET GÉOLOGIQUES

EXTRAITES DE NOS OUVRAGES

CONCERNANT

LES ÉPIZOOTIES

ET LES

ÉPIDÉMIES INFECTIEUSES

COMPARÉES

DISTINGUÉES DES ENZOOTIES ET DES ENDÉMIES

SOUS LE TRIPLE RAPPORT DE L'ORIGINE,
DE LA TRANSMISSION
ET DES MOYENS DE PRÉVENIR LEUR DÉVELOPPEMENT SPONTANÉ

Par **PLASSE**

Il n'y a pas deux médecines : l'union
c'est le progrès.

POITIERS

IMPRIMERIE DE A. DUPRÉ

RUE IMPÉRIALE.

1869

AVANT-PROPOS.

———

Chercher les secrets de la nature, les interpréter et
les expliquer en les appliquant, tel est le but que nous
nous proposions et que nous croyons avoir atteint
dans nos investigations concernant la source inconnue
des épizooties et des épidémies infectieuses, et les
moyens de les éteindre pour toujours à leur naissance
spontanée (1).

En quelque désaccord qu'elles puissent être avec
les idées reçues dans le monde médical , les découvertes justes finissent toujours par se répandre et
s'insinuer dans les esprits, même les plus rebelles,
jusqu'au jour où elles s'emparent en maîtresses de
l'opinion, jusqu'à l'heure où elles acquièrent droit de
cité.

(1) Lu à l'Institut le 2 octobre 1848 , et obstinément renvoyé de
l'expérimentation par l'autorité vétérinaire officielle, qui ne veut
pas voir renverser ses vieilles doctrines erronées.

DÉCOUVERTES

ÉTIOLOGIQUES, PARASITAIRES ET GÉOLOGIQUES

EXTRAITES DE NOS OUVRAGES

CONCERNANT

LES ÉPIZOOTIES

ET LES

ÉPIDÉMIES INFECTIEUSES

COMPARÉES

DISTINGUÉES DES ENZOOTIES ET DES ENDÉMIES

SOUS LE TRIPLE RAPPORT DE L'ORIGINE,
DE LA TRANSMISSION
ET DES MOYENS DE PRÉVENIR LEUR DÉVELOPPEMENT SPONTANÉ.

> Il n'y a pas deux médecines : l'union,
> c'est le progrès.

Depuis une vingtaine d'années, comme la plupart des novateurs obscurs qui renversent les idées se professant, nous insistons en vain auprès des sommités vétérinaires officielles pour démontrer authentiquement:

1° Que le développement spontané des épizooties et des épidémies infectieuses n'est pas occasionné par des miasmes, tradition résultant des odeurs désagréables de la décomposition des substances organiques, ni par aucune autre cause aérienne, mais bien exclusivement par la nourriture composée de conserves alimentaires envahies par des parasites vénéneux de l'ordre des cryptogames microscopiques (moisissures), dont la partie toxique passe du tube digestif dans le sang, qu'elle altère ;

Qu'on prévient le développement spontané de ces maladies en empêchant ces parasites d'envahir les denrées en provision ;

2° Que les maladies enzootiques et endémiques ont exclusivement une origine géologique par l'influence morbide de la composition de certains terrains sur quelques plantes nutritives qu'ils produisent ;

Que l'on prévient le développement spontané de ces affections en portant des amendements sur les terrains morbides.

Lorsque nous avons présenté ces idées à l'autorité supérieure, M. Dumas, qui était alors ministre de l'Agriculture, ordonna au conseil des professeurs de l'Ecole impériale vétérinaire de Toulouse de nous entendre : il règne des épizooties autour de cette école, tandis qu'on n'en rencontre pas auprès d'Alfort ni de Lyon.

Après de nombreuses séances verbales et expérimentales que nous fîmes dans les étables envahies par les épizooties, le conseil des professeurs de l'école de Toulouse, qui s'était fait assister d'un naturaliste pour observer au microscope sur les fourrages les parasites qui avaient fait le mal, *répondit à M. le Ministre* : « *Les idées de M. Plasse méritent un sérieux examen.* »

M. Dumas n'était plus au pouvoir lorsque cette réponse arriva au ministère, et l'autorité centrale vétérinaire, après un trop long silence, fut consultée, et, par sa réponse à la dépêche ministérielle du 13 novembre 1856, elle décida qu'il ne serait pas donné suite aux expériences ordonnées par le savant ministre ; et cependant à Alfort on ne fit aucune recherche pratique. Selon le directeur, des moutons, cependant, auraient résisté à une nourriture de fourrage moisie qui a pu être aussi innocente que du fromage de Roquefort. Dans tous les cas, un fait n'est jamais une preuve : il en faut des milliers.

Nayant pu obtenir, malgré nos instances, qu'il fût décidé de quel côté, d'Alfort ou de Toulouse, se trouve l'appréciation la plus juste, la raison du plus fort resta la meilleure : le progrès fut sacrifié, et le fléau des épizooties et des épidémies, qui pouvait être comprimé, continua librement ses ravages dévastateurs.

On sait cependant qu'en 1820 l'Académie de médecine, désirant chercher la source inconnue des épidémies, demanda à M. le Ministre de l'Agriculture un *rapport annuel sur les épidémies de chaque département :* vaste plan d'étude sur lequel on fondait les plus grandes espérances.

En juillet 1867, la docte compagnie déclara à M. le Ministre de l'Agriculture, par l'organe de M. le docteur Bergeron, l'un de ses membres, qu'en quarante et quelques années de recherches dans la montagne de rapports (*sic*) qu'elle a reçus des départements, elle n'a rien trouvé de satisfaisant relativement à la source des épidémies ; en conséquence, par le même rapport, elle demande un nouveau plan d'étude, non moins vaste que celui qui a échoué, et qui consiste dans *la carte médicale géographique des arrondissements de l'empire* au point de vue des *maladies endémiques.*

Il est donc bien évident aujourd'hui que les épidémies et les épizooties infectieuses, ainsi que les endémies et les enzooties, n'ont pas encore d'origine connue pour l'Académie de médecine !

Pourquoi donc refuse-t-on à Alfort d'entendre les démonstrations que nous demandons à compléter à Toulouse, et qui sont puissamment appuyées de savants de la capitale et de praticiens autorisés ?

Nous pensions au contraire que, vu l'état arriéré de la science sur ce point important, MM. les académiciens se montreraient disposés à accueillir favorablement nos propositions, qui tendent au progrès de la science et aux intérêts de l'humanité, d'autant plus que, par une coïncidence remarquable d'idées, la carte médicale demandée aujourd'hui au ministère se trouve complétement tracée à la fin de l'ouvrage que nous avons publié en 1849 sur le parasitisme cryptogamique, et qui a été déposé à Alfort et à la bibliothèque de la rue des Saints-Pères.

La création de cette carte est justement ce qui a le plus contribué à la découverte de nos doctrines étiologiques, et l'on ne sera pas surpris que nous ayons distancé, dans l'espèce, l'Académie de médecine, si l'on considère que nous avons opéré sur un théâtre beaucoup plus favorable à nos recherches que celui qui a été adopté et trop longtemps parcouru par les maîtres officiels de la science médicale. Ces illustres savants limitaient leurs recherches aux travaux exécutés chaque année par d'autres praticiens, à des voyages en province et aux épidémies indigènes de la capitale et des grandes villes, lesquelles ne surgissent que lorsque les provisions qui les causent ont disparu, sans laisser de traces de leur culpabilité.

Pendant ce temps nous étions seul dans le recueillement, installé sur le théâtre même des sinistres, aux prises avec les secrets de la nature, au milieu des denrées sur pied, à l'état de récolte et de provisions *annuelles*, qui nous laissaient des témoins fidèles du mal qu'elles avaient pu causer.

Là, pendant un temps qui nous a permis, sans désemparer, de voir renouveler l'Académie de médecine, nous avons pris sur le fait, dans les conserves en *grains*, en *farine*, en *salaisons*, en *fourrages* négligés, etc., etc., les parasites de l'ordre des cryptogames vénéneux, lesquels, successivement ingérés et absorbés, passent dans le sang, qu'ils altèrent; et la nature perturbée, soulevant ses forces contre l'agent provocateur, ne tarde pas de poser le dilemme de l'expulsion ou la mort.

De là ces fièvres ardentes dites typhus, typhoïde, charbon, variole, morve, etc., véritables *empoisonnements cryptogamiques*, qui, depuis l'école de Cos jusqu'à nous, ont été pris pour des *empoisonnements miasmatiques*, sur lesquels on est enfin revenu aujourd'hui.

Nous avons fait disparaître ces maladies épizootiques du lieu habituel de leur naissance respective en veilant à ce que les denrées en conserve ne se moisissent pas, de même que nous avons fait disparaître les maladies enzootiques, dont nous avons surpris la cause géologique, en portant des amendements sur les terrains qui donnent la propriété délétère aux plantes nutritives qui déterminent ces maladies.

Les cultivateurs, soit par incrédulité, soit par incurie,

nous ont souvent fourni de nombreux faits à l'appui de nos observations, soit en retournant aux restes des provisions morbides, soit aux pacages délétères avant d'avoir pris les mesures préservatrices que nous avions recommandées.

Le retour des maladies par ces fausses manœuvres nous ont servi d'argument pour convaincre successivement les cultivateurs les plus intelligents des contrées qui étaient le plus souvent maltraitées.

De sorte que dans une douzaine de communes contiguës autour de Niort, on a pu faire disparaître pour toujours, par l'application de nos préceptes depuis une quinzaine d'années, des maladies qui depuis les temps les plus reculés décimaient les bestiaux.

Dans certaines contrées de la Bauce, du Berry, de la Nièvre, de la Sologne, de l'Aveyron, nous avons rencontré les mêmes maladies sous l'influence des mêmes causes, que personne n'a encore pu distinguer, pas même la Commission officielle qui a été installée pendant huit à neuf ans en Bauce, sans s'inquiéter de nos propositions, qui seules pouvaient les guider.

Il en a été de même de la Commission que Son Excellence le Ministre de l'Agriculture a envoyée en 1868 dans le Cantal, pour observer une maladie, dite mal de montagne, qui a fait de grands ravages dans les environs d'Allanche.

M. Senson, secrétaire de la Commission, expose que, n'ayant pu trouver la cause du mal, on a dû s'occuper particulièrement du traitement et du virus.

Comme toujours, la Commission aurait trouvé un

traitement curatif : là c'est de l'acide phénique ; et, ce qu'il y a de meilleur, cette haute Commission aurait fait de toute pièce un virus charbonneux, en renfermant du sang naturel dans des tubes. C'est tellement curieux que nous attendons la confirmation du fait avec intérêt. La transmission volatile fera toujours défaut.

Mais revenons sur la cause, qui n'a pas été trouvée, ce qui est le plus important, car c'est la seule voie possible pour arriver à prévenir le retour du mal.

Eh bien, nous avons vu le mal de montagne à St-Sarnin (Aveyron), à Rédon (Tarn) en 1850 ; nous l'avons reconnu pour la maladie géologique que nous avons fait disparaître dans douze communes argileuses des environs de Niort, en faisant fumer les terrains plastiques avec un compot composé de trois quarts de fumier d'écurie et le reste en terres calcaires, chaux ou cendres.

M. Senson peut retourner dans les environs d'Allanche (Cantal), où, s'il peut y rester les années nécessaires pour distinguer les deux maladies qui y sévissent depuis les temps les plus reculés, il en finira définitivement avec la maladie de montagne, maladie géologique, que l'on confond avec le charbon épizootique et infectieux, maladie parasitaire cryptogamique (1).

Les inoculations qui ont été faites et qu'on pourrait faire ne conduiront pas à la cause du mal.

Les bacteries des maladies parasitaires sont étrangères à ce genre de maladie, parce que celles-ci sont

(1) *Voir* le compte rendu de notre voyage en Auvergne, imprimé en 1855.

toutes géologiques, sans parasites végétaux ; elles peuvent en présenter dans le sang avec la cause géologique si les fourrages consommés renferment des moisissures.

Revenons à notre cryptogamie. Nous avons, sans nous décourager, rassemblé des faits avec ordre, et nous avons remarqué, pendant la longue suite d'années sur lesquelles ont porté nos expérimentations, que les maladies parasitaires cryptogamiques, sous des caractères communs, forment une seule et même famille, dans laquelle nous avons distingué, sous des caractères particuliers, trois classes qui sont engendrées respectivement par trois classes de la famille des petites plantes cryptogamiques, toujours par ingestion :

1° *Les urédinées* engendrent les maladies internes, transmissibles par principe volatil, tels que les typhus, typhoïde, charbon épizootique, morve, varioles, etc. ;

2° *Les mucédinées* engendrent les maladies végétatives externes, transmissibles par transplantations , telles que les dartres, herpes, lèpre, teigne, etc. ;

3° *Les algues*, qui naissent sur les salaisons avec saumure, engendrent les scrofules et le scorbut.

Le grand nombre de maladies infectieuses que renferme ce classement s'explique par la quantité considérable d'espèces de plantes parasites qui les produisent, dont la plus grande partie est inédite ; lesquelles subissent encore l'influence hygrométrique, géologique et climatérique du globe, comme les plantes odoriférantes, toxiques, etc.

Il ne faut donc pas s'étonner si les épidémies et les épizooties sont d'autant plus intenses et plus subtiles que leur berceau est plus près de l'équateur ; il en est

de cette famille de plantes comme de toutes les autres :
les espèces d'une contrée sont souvent différentes de
celles d'une autre, et *vice versa*.

De grands savants qui ont recours à M. Robin pour
le premier champignon qu'ils rencontrent auraient
voulu, sous peine de fin de non-recevoir, nous voir
désigner les espèces de champignons qui engendrent
telle ou telle maladie.

On ne manifesterait pas une telle exigence si l'on sa-
vait que les moisissures naissent par espèces multiples
sur les natures mortes, et qu'il n'y a que des études ébau-
chées et en désaccord sur cette partie ardue de la botanique, dans laquelle, en quarante et quelques années,
nous avons vu plus de champignons que les plus grandes
spécialités ; nous avons observé même que ce ne sont
pas toujours les mêmes variétés qui causent les mêmes
maladies, de sorte que, pour ne pas perdre de temps,
nous avons dû nous borner à signaler leur présence
sur les fourrages et autres denrées, et à constater que
les épizooties et épidémies infectieuses ne se développ-
pent jamais spontanément que sous l'influence de ces
petits végétaux vénéneux dont les métamorphoses sont
dénaturées à l'intérieur, renvoyant aux générations
futures un travail qui nous a heureusement arrêté à
bonne heure, qui nous a fait perdre beaucoup de
temps, et qui peut en vain user la vie de plusieurs
hommes (1).

(1) Un confrère de Courtrai (Belgique), M. Wolnay, avec lequel le
sérieux Loizet, de Lille, nous avait mis en rapport, avait entrepris
une botanique de ce genre. J'ai un herbier qui renferme plusieurs
espèces que j'ai échangées avec ce malheureux travailleur, qui a
passé vingt ans de sa vie à ce travail sans résultat satisfaisant.

Lorsque nous avons compris qu'il fallait trancher cette difficulté des espèces, nous avons marché plus sûrement et plus rapidement dans la voie où nous nous étions si heureusement engagé.

Nous n'eussions jamais eu le temps, du reste, de vider la vaste question étiologique des maladies infectieuses comparées, ni faire la distinction étiologique et symptomatique des enzooties et des endémies, si nous eussions voulu faire à la fois le travail du naturaliste et du médecin.

Encore est-il que le travail nécessaire, pour constater la présence ou non de ces petits végétaux et faire la distinction des classes, a été l'objet des études de toute notre vie médicale, et on ne saura jamais apprécier les difficultés que nous avons rencontrées pour arriver à un semblable résultat.

Par cette vaste esquisse étiologique, qui se trouve close pour nous par la faculté d'éteindre les épidémies à leur source et de les faire renaître à volonté dans leur berceau, nous croyons apporter à la médecine comparée une grande et heureuse révolution dans sa partie la plus importante et la plus obscure.

Grâce à cette révolution, on peut espérer que l'étiologie, qui est encore aujourd'hui à l'état de cahos, élèvera l'art médical au rang des sciences exactes.

Avec de l'ordre et de la persévérance, nous avons pu coordonner nos conclusions de manière à condenser notre doctrine parasitaire en trente et quelques aphorismes (1), que nous avons réduits à la plus

____

(1) *Voir* pages 58 et 113 de notre ouvrage, année 1865.

simple expression par les propositions suivantes :

En veillant à ce que les conserves alimentaires des hommes et des animaux ne se moisissent pas, les épidémies et les épizooties infectieuses spontanées n'auront plus de raison d'être;

De même que les enzooties et les endémies disparaîtront du lieu de la naissance en portant des amendements relatifs sur les terrains qui les produisent, seul moyen de modifier la nature des denrées en végétation: résultats suprêmes, lois fondamentales, qui mettent à découvert les causes morbides les plus funestes à l'humanité et qui guideront partout et toujours l'observateur dans le labyrinthe des épidémies et des épizooties infectieuses, ainsi que des enzooties et des endémies, qui a toujours été inextricable jusqu'à ce jour, dans les fausses voies des miasmes et de l'inoculation des virus, qu'elles ont trop longtemps parcourues et qu'elles poursuivent encore sans succès étiologique.

Il faut bien le dire, nos lois parasitaires renversent, dans l'espèce, les idées étiologiques de nos savants et muets adversaires, qui, du reste, sont loin de s'accorder entre eux. D'abord, parmi les nombreux rapports qui sont adressés à l'autorité supérieure, on remarque que les uns accusent le *génie épidémique* ou la constitution médicale atmosphérique; d'autres dénoncent les décompositions organiques : c'est un établissement infecte, une voirie, une tuerie, des fumiers, un marais, un étang, une flaque d'eau, les forêts même, les démolitions, les terrassements, l'agglomération, l'air vicié, les fruits, les melons, etc., etc.; en un mot, tout suspect est appréhendé au corps par des hommes éminents qui, en

général, ont acquis leur réputation en faisant exécuter
des travaux d'assainissement, d'aération, d'épuration,
qui ont frappé l'imagination de la foule, mais qui n'ont
pas empêché le retour du mal. Ces résultats négatifs,
par leur fréquence, engagent toujours l'observateur à
se livrer à de nouvelles recherches étiologiques.

C'est pourquoi, à la suite des grandes calamités épidémiques, on a vu surgir quelques nouvelles doctrines
étiologiques.

Ainsi une des plus récentes et des plus hardies
appartient aux sommités vétérinaires, qui viennent de
soulever une discussion orageuse en l'apportant dans le
sanctuaire de la science.

Ces savants, pour remonter à la source du mal, s'é-
lancent à pleines voiles dans l'océan des virus épidémiques et épizootiques, corps non moins transparents
que l'air qui les transporte, et qu'on analyse par la
décantation et au moyen du microscope, et auxquels
on semblerait vouloir attribuer une *naissance intestine
par hétérogénie :* M. Chauveau a commencé à Lyon sur
le vaccin, M. Senson a complété en Auvergne, où il a fait
le virus charbonneux ; M. Boulay patronne le tout, sans
en prendre la responsabilité pour sa sauvegarde. Mais le
progrès en éprouvera du retard : tout ce que patronne
M. Boulay entraîne du monde. Du reste, il se pourrait
qu'un homme de génie érigeât sur une *fausse base*
un système étiologique *vraisemblable*, à l'instar des
miasmes épidémiques de l'immortel *Hippocrate* et des
dilutions d'*Enhenmann*.

De sorte que la médecine, dans l'espèce, pourrait
encore être renfermée pour longtemps dans une im-

passe si nos *lois parasitaires n'étaient là pour dévoiler la vérité par leur application*.

On peut voir, à l'article CONTAGION de notre premier ouvrage publié en 1849, que le plan de recherches que nous avons suivi pour analyser les virus nous a présenté encore des avantages considérables sur ceux que ces messieurs ont adoptés et suivis en théorie.

Là, comme toujours, nous avons cherché à suivre la nature dans sa marche secrète.

Ainsi, guidé par de nombreuses observations qui nous ont mis sur la voie de la vérité, nous avons fait choix de trois des espèces de petits champignons parasites parmi celles qui attaquent nos plantes cultivées ; nous en avons fait un semis sans fumier, après les avoir mêlées avec un choix de graines de trois des espèces de plantes qu'elles choisissent respectivement pour victimes dans les cultures.

Les plantes phanérogames ont parfaitement levé et végété jusqu'à l'âge adulte ; mais, aussitôt que la séve a été envahie et altérée par le principe morbide du parasite pris dans le sol, comme on le remarque pour le sang lorsque le même principe morbide est pris dans le tube digestif, l'économie de chaque plante a été respectivement attaquée par le poison du parasite, qui le choisit habituellement pour victime, et la plupart des sujets ont été affectés de maladies infectieuses :

1º Le maïs, par l'*uredo aurantiarum* ;

2º Le froment, par l'*uredo segetum* ;

3º L'avoine par l'urédo jaunet. Les mêmes graines semées à côté, sans parasites, n'ont été atteintes d'aucune maladie infectieuse. Il ne faut pas croire

2

que ce soient les spores qui sont absorbés par les
capillaires , pour circuler dans l'économie végétale et
animale (1), y altérer la séve et le sang, et y engendrer les maladies internes, ou régénérer les parasites
sous l'épiderme qu'ils déchirent, et former les dartres,
les ulcères rongeurs, etc., mais bien la partie la plus
subtile de la décomposition du parasite , l'atome ,
comme pour l'opium, etc. Mais là la nature aurait
dévolu la propriété génératrice à l'atome toxique cryptogamique pour suppléer au défaut de larves qui manquent ici, et en remplit les fonctions avec une subtilité
qui serait impossible aux spores.

De sorte que la partie la plus subtile du parasite,
s'attachant à celle du moribond (fumet), constitue la
maladie infectieuse, ou virus, qui s'exhale du corps
avec la vapeur au milieu de l'air, qui le transporte
dans les voies respiratoires des sujets qui sont à sa
portée, mais ne prenant racine que chez ceux de l'espèce qui lui a donné naissance, et à laquelle il se
trouve actuellement lié (2), refusant de s'installer chez
tout autre, si ce n'est par inoculation :

Faculté dont profita Genner, qui, *par hasard*, re-
marqua que la variole de la vache, toute bénigne, peut
être substituée à la variole éminemment dangereuse
de l'homme :

Véritable viol des lois de la nature, comme lorsque,
trompant les désirs de la copulation, on fait féconder
la jument par l'âne pour avoir le mulet.

---

(1) Comme on a voulu nous le faire dire souvent.
(2) Les sujets vigoureux par constitution ou par une nourriture
confortable luttent souvent avec avantage contre l'infection.

Telle est l'analyse pratique et philosophique que nous avons faite du virus infectieux, analyse qui jette un grand jour sur la base intime de nos lois pratiques, parasitaires, microphytes, que nous recommandons aux savants dévoués à l'humanité et aux progrès scientifiques. Chaque variole est issue de microphyte.

Nous croyons avoir fait dans cet exposé la part aux parasites cryptogamiques, dont la propriété génératrice ne peut être éteinte par la cuisson dans l'atome, comme elle l'est dans la graine.

Les microzoaires parasites déterminent un genre de maladie différant du précédent; il n'a rien des maladies transmissibles par principes volatils, par la raison que là l'atome n'est pas générateur, ce qui fait que ce genre d'affection ne peut se transmettre que par l'insecte directement, ou par l'ingestion de la substance ou des produits du moribond envahis par la famille des microphytes (trichine cysticerque), que la cuisson détruit, ainsi que la larve, et dont elle fait disparaître toutes les facultés génératrices.

Le *mondus invisibilis*, que le microscope de M. Pouchet lui fait voir jusque dans l'air le plus pur, est également étranger aux épidémies et épizooties infectieuses, et n'entrave jamais le cours de nos lois parasitaires dans leurs applications.

Nos muets adversaires, voyant que le parasitisme gagne du terrain de notre côté, ont voulu en faire l'application aux chevaux de l'armée dans les garnisons.

Ainsi l'on a fait changer la nourriture, comme nous l'avions souvent demandé en vain dix ans avant;

on a substitué, dès la récolte, les foins nouveaux aux vieux foins, qui apportaient souvent toute l'année des parasites dans l'économie, surtout dans les derniers mois, tandis que les nouveaux fourrages sont exempts de parasites : les épizooties typhoïdes, morves, etc., ont disparu des vieilles et des nouvelles casernes partout où cette mesure infaillible a été suivie et exactement surveillée.

Ces heureux résultats ont fait décider, en principe, au ministère de la guerre, où l'on ne transige pas avec la conscience, que les *hangars et les meules en plein air remplaceraient les magasins clos, foyers de parasites.*

On ne pouvait nous donner raison d'une manière plus satisfaisante; mais, comme on n'a donné aucune publicité à cette vaste et concluante expérience, il n'a été fait aucune application de *nos lois parasitaires à la nourriture de l'homme,* et les épidémies ont continué à sévir dans les casernes où l'on avait fait disparaître les épizooties.

Le mutisme ici a conduit à des calamités publiques qu'on eût pu éviter.

Ainsi, dans la superbe caserne de Niort, le 6ᵉ chasseurs, les 7ᵐᵉ et 8ᵐᵉ lanciers, ont éprouvé chacun une cruelle épidémie pour avoir consommé du pain fait avec des farines moisies ; les moisissures étaient invisibles à l'œil nu, mais très-faciles à distinguer à la loupe, dans les agglomérations de farines que l'on divisait avec précaution.

Les restes de farines et les lards rances revenus de Crimée après la paix ont produit respectivement les typhoïdes, le typhus et le scorbut là où on les a consommés sans mélange.

Ces faits n'expliqueraient-ils pas les nombreuses pertes causées par des maladies infectieuses que l'armée a faites en Crimée ?

On eût évité le scorbut si l'on avait eu soin d'ouiller les barils de salaison, pour remplir au besoin le vide fait par l'évaporation spontanée, et le typhus n'eût pas paru en faisant moudre les blés sur les lieux, comme le faisaient les Romains, et en ne fabriquant le pain qu'avec des farines nouvellement faites, comme nous l'avions recommandé aux sommités savantes officielles, en adressant au Ministre de l'Agriculture un nouveau modèle de saloir, et en conseillant de ne plus employer de vieilles saumures dans les nouvelles salaisons, où elles portent le germe des parasites.

Nous avons été félicité, au sujet de ces diverses communications, par une dépêche de M. le Ministre de l'Agriculture en date du 1er avril 1859; mais le *comité supérieur de salubrité*, croyant malheureusement à l'innocuité de la vieille saumure et du lard rance, n'a pas permis qu'il fût donné de publicité à nos propositions (*sic*). Triste conséquence du monopole !

Un tel état de choses est d'autant plus regrettable que, pendant qu'on se repose sur l'opinion des savants officiels, la scrofule et le scorbut surgissent librement partout où l'on consomme des viandes salées infectées de microphytes.

En France, sous le régime du décret qui imposait aux boulangers des provisions pour trois mois, il y a eu de fâcheuses épidémies pour avoir toléré les provisions en farine, au lieu de les exiger en blé, qu'on aurait nécessairement fait moudre sur les lieux, ce qui eût garanti l'état sanitaire contre les maladies infectieuses, en ayant soin de faire consommer les farines nouvelles, et alors, suivant les vues élevées de l'Empereur, on se trouvait, en outre, assuré contre la cherté du pain par les provisions qu'exigeait le décret, qui, malheureusement, a été rapporté.

Voilà où nous conduit la centralisation et l'omnipotence ; il est certain, du reste, que les sociétés supérieures, qui croient à l'innocuité des vieilles farines et des vieilles salaisons, ne savent pas qu'il y a souvent, sous les plus belles apparences à l'œil nu, infiniment plus de danger chez le boulanger et le charcutier que chez le boucher, où il ne peut naître de microphytes avant que la viande ne trahisse sa putréfaction par l'odeur.

Un charcutier du boulevard du Temple et un boulanger de Nantes ont été surpris tous les deux, par hasard, vendant des denrées infectées, qui ont empoisonné leurs pratiques.

Mais combien d'autres échappent tous les jours à la surveillance !

Ces deux industriels ont été relâchés, parce qu'on a reconnu que le poison trouvé dans les denrées y a *pris naissance et s'y est multiplié à l'insu des inculpés.*

A ce compte, tout boulanger ou charcutier peut innocemment empoisonner ses pratiques si on ne l'instruit pas sur la nature du poison auquel sa marchandise est sujette dans les magasins.

Il ne faut pas s'étonner si, dans l'armée et les éta-

blissements publics, les épidémies infectieuses surgissent particulièrement là où les fournisseurs font consommer *des farines du commerce*, que l'agiotage peut
altérer, et *jamais là où l'administration achète des
grains elle-même, les fait moudre et fait consommer
les farines nouvelles*. Dans ces conditions, que les con-
sommateurs habitent des voiries, des prisons ou des
palais, les maladies infectieuses sont impossibles.

Si les académiciens vétérinaires et médecins (versés
dans les inoculations), si les grands administrateurs
de vivres sont si peu avancés en ce qui concerne le
danger des parasites végétaux cachés au milieu des
conserves alimentaires , il faut l'attribuer à ce qu'ils
se recrutent *entre eux* dans la capitale et les grandes
villes , où les épidémies parasitaires se développent
lorsque la cause a disparu avec l'approvisionnement.

C'est pourquoi *il n'y a pas en médecine de travaux
pratiques concernant l'influence, sur l'économie, des
différentes conditions de nos conserves alimentaires*.

De sorte que le gouvernement ne peut pas être
exactement renseigné à cet égard; car les académiciens ne peuvent savoir, comme nous praticiens de
campagne, qui avons sous la main des provisions annuelles consommées par des animaux et des hommes
sédentaires, quand et comment le sang du peuple et
des animaux peut être envahi d'une manière locale ou
générale (génie épidémique, constitution médicale
atmosphérique) par les parasites microphytes, qui
adoptent, dans telle ou telle contrée, telles ou telles
espèces de conserves, et comment, dans l'état d'incubation, ils peuvent être éliminés de l'économie, ou faire

irruption à l'intérieur et trancher la vie, ou, à l'extérieur, constituer les dartres, les impetigos et les éléphantiasis, les lèpres, et avoir raison du sujet à petit feu. Les phénomènes physiologiques sont certainement bien connus; mais le défaut de connaissances pratiques et philosophiques, en ce qui concerne le trajet mystérieux du toxique cryptogamique à travers l'économie, a souvent conduit les plus puissantes autorités médicales à de fàcheuses confusions entre les maladies parasitaires microphytes et les affections franchement inflammatoires.

Ainsi, suivant l'état du sang pur ou taché de parasitisme, la même cause déterminante peut être suivie d'accidents de caractères bien différents; dans le premier cas, par un arrêt de transpiration : par exemple, le principe morbide, naissant dans l'économie, *ne se transmet pas*, tandis que dans le second, venu du dehors, de parasites cryptogamiques, il peut transporter la maladie ailleurs. Si la métastase se porte ici dans le cerveau, par exemple, le trouble fonctionnel peut débuter par la mort subite, ou par une paralysie par la folie, si souvent confondue avec les affections inflammatoires ; de là des erreurs fàcheuses. On pourrait donc en diminuer de beaucoup le nombre en appliquant nos lois parasitaires à la nourriture publique.

Sans nous arrêter aux influences générales atmosphériques, déterminantes ou autres, qui peuvent, lors de l'incubation parasitaire, être suivies de fièvres ardentes ou d'irruption générale chez le peuple et les bestiaux, il faut savoir encore que, pendant l'incubation du parasitisme, *un coup, un séton, une opération, une morsure, une piqûre d'épine, d'un éclat de bois, d'une mouche quelconque,* même de celle qui *a le bec le plus propre*, peuvent provoquer, sur la partie atteinte, l'irruption de phénomènes infectieux plus ou moins graves, capables de produire la mort, comme nous l'avons remarqué dans tous les cas déjà cités.

Les savants, étant étrangers à la grande question des microphytes infectieux (nous ne parlons pas des microzoaires, qui sont connus), donnent de sérieuses solutions sur de simples apparences : si une mouche pique un homme ou un animal et que la pustule maligne se déclare, la bête est accusée d'avoir inoculé le charbon (qu'on croit étranger à l'homme), quand bien même il ne règne pas d'épizooties charbonneuses; si un vigneron se coupe avec sa serpette en taillant une vigne tachée d'oïdium , la serpette est accusée d'avoir inoculé la maladie de la vigne à cet homme si la pustule maligne se déclare chez lui.

Pour les autres causes déterminantes , tels qu'un coup, une opération, un séton, etc., l'imagination dévoyée cherche en l'air ou ailleurs la source du mal infectieux.

D'un autre côté, lorsque l'incubation est légère, ce qui arrive le plus souvent dans le public, une sueur insolite, un rhume épidémique (grippe), un abcès, les urines, les menstrues, un avortement, une naissance à terme , le lait, etc., peuvent débarrasser l'économie.

Lorsque c'est le lait, par exemple , qui sauve la mère en éliminant insensiblement le principe parasitaire, l'enfant à la mamelle en est naturellement victime, comme le poulain à la mamelle périt des maladies infectieuses qui étaient destinées à la mère, lorsque celle-ci est nourrie de foin ou autres aliments moisis.

Nous renvoyons à nos ouvrages, imprimés en 1849, 1855 et 1865, les savants qui ont cherché à sortir de cette impasse par la constatation des naissances à domicile. C'est une bonne mesure, sans doute ; mais qu'on y prenne garde : les maladies continueront leurs ravages si l'on ne s'occupe de surveiller la nourriture des mères d'après le système que nous avons proposé plus haut. Il faut voir les conserves avant la confection pour distinguer les parasites ; dans la farine, par exemple, il faut ouvrir les agglomérations avec soin : à la loupe on les voit par veines avec leurs couleurs ; mais tout disparaît lorsque le boulanger brise les mottes et passe au blutoir. Nous avons acheté cher échantillons et secret.

Qu'on ne s'étonne donc pas si le mal sévit particulièrement sur les enfants qui ne vivent que de soupe sans condiment (maux de gorge, croup), sur les jeunes gens qui consomment plus de pain que les vieux (typhus, muguet), qui du reste peuvent avoir eu le typhus dans le jeune âge. Quant aux nourrices, il faut convenir qu'elles prennent les enfants pour en tirer le plus de bénéfice possible, et ont intérêt, par conséquent, à les faire vivre au lieu de leur appliquer de mauvais traitements.

Il ne faut pas confondre ensuite, comme on l'a fait jusqu'à ce jour, la misère, la malpropreté, la nudité, les mauvais logements avec le parasitisme caché.

Dans le premier cas, avec du pain d'orge, de blé noir, des pommes de terre, des châtaignes et autres denrées saines en nourriture, la nature lutte avec avan-

tage contre la misère : voir les bohémiens, les enfants
naître dans une charrette close, avec toute la famille
dans le même compartiment ; voir certains villages de
la Bretagne, du Limousin, où la santé triomphe de la
saleté avec du pain, des châtaignes sans parasites,
etc., etc.

Mais rien ne peut résister au poison parasitaire in-
troduit dans le sang : l'organisme est plus ou moins
enrayé et suspendu si la nature ou quelque circonstance
heureuse n'en arrête les funestes coups.

Nous recommandons ces observations pratiques à la
savante Commission que M. le Ministre de l'Intérieur,
dans sa haute sollicitude, vient, par arrêté du 16 mars
1869, de charger d'étudier les questions relatives à la
mortalité des enfants du premier âge ; les commis-
saires sont :

MM.

De Royer, vice-président du Sénat, président.
De Mentque, sénateur.
Lepeletier d'Aunay, député.
Beauverger, député.
De Mackau, député.
Merruau, conseiller d'État.
Genteur, conseiller d'Etat.
De Bosredon, conseiller d'État.
Husson, directeur général de l'Assistance publique,
membre de l'Académie de médecine.
Marbeau, maître des requêtes au Conseil d'État.
Chachot,   id.   id.

Durangel, chef de division au ministère de l'intérieur.

Bucquet, inspecteur général des établissements de bienfaisance.

Mettetal, chef de division à la préfecture de police.

Baudet, membre de l'Académie de médecine, président de la Société protectrice de l'enfance.

Dr Broca, professeur à la Faculté de Paris, membre de l'Académie de médecine.

Dr Blot, professeur agrégé à la Faculté de Paris, de l'Académie de médecine.

Lenoir, membre du Conseil municipal de Paris.

Durangel, sécretaire ; Fallot et Burné, vice-secrétaires.

L'incubation du parasite ayant échappé aux maîtres de la science, on a voulu, pour sortir d'une impasse, accuser la vaccine des grandes mortalités épidémiques ; on a même proposé de la supprimer. Il y a eu à cet égard des discours entraînants prononcés dans un esprit qui serait mieux compris au palais que dans le sanctuaire de la science.

Au lieu de se livrer à de funestes conjectures sans base solide, mais qui en imposent par la renommée de leur auteur, il faudrait chercher, chercher toujours, et admettre tout auteur d'une idée nouvelle à en démontrer la valeur.

C'est ainsi que l'on fera marcher les progrès de la médecine, entravée parce qu'elle ne parle qu'à l'esprit, de front avec ceux de la chirurgie, qui avance rapidement parce que, parlant aux yeux, on ne peut lui opposer de controverse.

Il est vrai de dire que le parasitisme a toujours dé-
voyé. Ainsi les plus grandes épidémies se remarquent
lorsque les blés ont souffert sur pied et pendant la
récolte par d'abondantes pluies ; mais ce n'est pas dans
l'année de la récolte où il fait le mal, mais bien, comme
les fourrages, lorsqu'ils ont eu le temps de se moisir en
conserves ; c'est particulièrement au printemps de l'année suivante, au moment du réveil de la végétation, car
la mauvaise qualité ne donne pas de maladie conta-
gieuse infectieuse ; il faut que le parasite y soit plus ou
moins et qu'il soit ingéré. Ainsi les mauvaises récoltes
de 1852 et 1853 n'ont causé d'épidémies qu'en 1853 et
1854 (*voir* nos ouvrages) ; celle de 1866 n'a causé de
mal qu'en 1867 ; 1868 ayant été très-sec, il y aura peu
de ces maladies en 1869, si ce n'est là où il y aura de
grands amas de farines, de blés mal logés, et la disette
de fourrages qui fait consommer les rebuts.

Nous avons en main le mémoire que nous avons lu
à l'Institut le 2 octobre 1848, en séance du jour, et que
feu M. Flourens, secrétaire perpétuel, a daté, signé et
parafé à toutes les pages, et qui renferme toutes les
nouvelles idées parasitaires émises dans mes ouvrages. (*Voir* en tête de notre ouvrage de 1849.)

Il y a plus encore: on présente comme à soi, au Gouvernement et au Sénat des idées qui nous appartien-
nent et que nous avons préalablement soumises aux
sociétés savantes et à l'autorité supérieure.

Ainsi, au sujet des maladies épidémiques les plus
infectieuses qui font partie de la grande famille des
épidémies et épizooties parasitaires microphytes, nous
avons proposé en 1848 à l'Institut. et à la page 416 de

l'ouvrage que nous avons publié en 1849, d'établir un congrès sanitaire dans la contrée où chacune d'elles prend naissance, pour les arrêter dans leur marche vagabonde et en tarir la source.

Ainsi, suivant notre proposition, le siége de chaque congrès serait établi :

1° Dans l'Inde, contre le choléra ;

2° En Asie-Mineure, contre la peste humaine ;

3° Dans la Galicie, contre la peste bovine ;

4° Dans nos colonies d'Amérique, contre la fièvre jaune.

Nous demandions que les commissions se réunissent simultanément, parce qu'elles s'éclairent mutuellement, comme nous allons le voir.

On a enterré ces propositions d'abord, et on les a proposé isolément plus tard ; ce dédain et ces tentatives incomplètes et tardives ont causé des malheurs inouïs.

Ainsi, notre congrès faisant défaut dans l'Inde pour surveiller l'état sanitaire des caravanes à leur départ, le choléra a été porté à la Mecque, en 1865, par les pèlerins.

Le même congrès, en surveillant l'état sanitaire des négociants russes en Chine, peut fermer au choléra l'itinéraire qu'il a suivi pour arriver en France en 1830 et en 1848.

Notre Commission n'existant pas également en Asie-Mineure en 1865 pour fermer les ports arabiques, le choléra de la Mecque les a franchis sans obstacle, et est venu débarquer à Marseille, la même année 1865.

Notre Commission sanitaire faisant défaut en Galicie, lorsque la peste bovine y fit irruption, l'état sanitaire des convois de bœufs ne put être surveillé, et le typhus a été porté successivement en Égypte, en Italie, en Angleterre et autres États qu'il a dévastés par des sinistres incalculables.

Il était encore plus facile d'arrêter la marche de cette maladie que celle du choléra, parce qu'on peut interdire le transport des bœufs suspects et les sacrifier au besoin, tandis qu'on ne peut arrêter l'homme que dans les ports, au débarquement.

On doit penser combien nous avons été péniblement affecté, en nous voyant mis dans l'impuissance de sauver tant de victimes.

Par ces congrès, nous avions des vues bien plus élevées encore que d'entraver la propagation du mal : nous venions au secours des peuples chez lesquels il surgit, en leur faisant connaître les moyens de se préserver du mal spontané par l'application de nos lois parasitaires à leur nourriture, ce qui mettait infailliblement la sécurité partout.

Mais les princes de la science ne se doutaient pas des moyens préventifs, et ne croyaient pas tous, à cette époque, à la transmission de ces maladies. Aussi laissèrent-ils, à notre grand regret, les frontières et les ports ouverts, à tel point que le choléra entra sans obstacle à Marseille, et que nos frontières de l'Est restaient ouvertes pendant que l'Angleterre était désolée par la peste bovine.

Ainsi l'on vendait à Poissy et à Sceaux, en juin et juillet 1865, des convois de 70 à 80 bœufs de même provenance que ceux qui, dans le mois de mai précédent, avaient apporté le mal en Angleterre.

Nos frontières ne se fermèrent que le 12 août suivant, après l'arrivée au ministère de l'Agriculture de *notre lettre, datée du 7 du même mois*, par laquelle nous signalions le fait et le danger qui menaçait la France, en demandant la prohibition des bœufs des steppes à la frontière. On a attribué ce fait à M. Boulay.

Nos réclamations firent ouvrir les yeux aux anti-contagionistes ; car, dès le 5 septembre suivant, on obtenait de l'Empereur un décret qui autorise l'interdiction des bœufs à la frontière de l'Est et ordonne de prolonger la quarantaine des lazarets.

Enfin on jugea nos *congrès sanitaires indispensables* dix-huit ans après que nous les eûmes proposés ; car en 1866, un an après l'invasion de la France par le choléra venu de la Mecque , on obtint de l'Empereur un décret qui autorisait l'installation d'un *congrès sanitaire à Constantinople* , dans le but de faire réformer la mauvaise habitude qu'ont les musulmans de laisser putréfier en plein air les animaux qu'ils sacrifient pour leurs cérémonies religieuses, et auxquels on attribuait à tort le développement du choléra, qui, nous ne saurions trop le répéter, n'a qu'une patrie... l'Inde, son point de départ, où il fallait s'installer.

On avait donc fait une démarche intempestive et inefficace à Constantinople, car on pouvait étudier le choléra aussi bien en France qu'en Turquie, où il n'était également que de passage, comme à la Mecque.

Ce n'est pas tout. Pendant la session de 1868, on présenta au Sénat une pétition pour installer en Galicie un congrès sanitaire contre la propagation de la peste bovine, idée qui a évidemment été empruntée à nos ouvrages, car personne n'en avait parlé avant nous. Le Sénat, qui ignore que nous avons fait cette même proposition aux Sociétés savantes et à M. le Ministre de l'Agriculture dix-huit ans avant, la prit en haute considération et la renvoya, le 3 janvier 1868, au même Ministre, qui la trouvera dans ses cartons.

Il est à croire que, dans le cours des dix-huit ans perdus, on aurait eu le temps nécessaire pour instruire les peuples chez lesquels les maladies contagieuses prennent naissance, sur les mesures à appliquer aux conserves alimentaires, en vue de se préserver du développement de ces funestes fléaux qui dévastent trop souvent les nations civilisées, lesquelles ont intérêt à s'entendre sur les moyens d'en finir avec le fléau des épidémies, contre lequel toute autre arme que notre doctrine parasitaire est impuissante.

Rencontrant partout et toujours les mêmes savants d'Alfort en hivernage, parce qu'ils savent que toutes nos propositions à l'autorité supérieure leur sont renvoyées, nous avons enfin changé nos batteries, dans l'espoir d'arriver directement à nous faire entendre du gouvernement.

Ainsi nous adressâmes en mars 1867 un mémoire à M. le Ministre de l'Instruction publique, qui nous accueillit favorablement et nous invita à en donner lecture à la Sorbonne.

Le 25 avril 1867, nous y exposions nos doctrines en séance publique, et, par exception, il n'en fut fait aucune mention au *Moniteur*, ni dans le compte rendu, contre ce qui nous avait été promis.

Cette année 1869, l'accueil n'a pas été moins favorable, mais on a fait mention de nos lectures au *Moniteur*, et elles seront adressées aux Sociétés savantes de France. En 1867 nous étions donc dans l'inquiétude. Mais, fondant nos espérances sur l'Exposition universelle, nous adressâmes nos ouvrages au Palais de l'Industrie et au Champ-de-Mars séparément: ils furent parfaitement accueillis dans les deux endroits, comme partout où nous les avons présentés à l'administration supérieure.

Mais au Champ-de-Mars les commissions ont passé outre, et il n'a été fait aucune mention de nos ouvrages qui traitent *des maladies infectieuses* parasitaires de l'homme; on a cependant honoré d'une mention honorable les ouvrages de M. Pasteur qui traitent des *maladies infectieuses parasitaires des vers à soie et des vins*, dont l'initiative appartient à l'Empereur : il est vrai de dire que les travaux de M. Pasteur ne touchent en rien aux doctrines professées en haut lieu.

Cependant, pressé de remédier au fléau qui met les nations en deuil, nous ne pûmes reculer, et, cherchant toutes les voies encore inexplorées, nous nous sommes adressé au Congrès médical international de Paris en 1867, et, nos travaux ayant été favorablement accueillis par la haute Commission, présidée par l'honorable docteur Bouillaud, à la séance du 28 août 1867, le savant docteur Henri Favre exposa avec une grande lucidité nos doctrines parasitaires devant l'assemblée, qui émit par acclamation le vœu suivant :

« Le Congrès médical international, considérant l'im
» portance générale pour l'hygiène publique et la mé
» decine d'avoir des renseignements exacts sur les

» assolements et la conserve alimentaire des hommes
» et des animaux, émet le vœu que, dans chaque pays,
» les médecins et les vétérinaires soient invités à exami-
» ner les conditions diverses du développement des
» épidémies et des épizooties. »

Nos puissants et muets adversaires d'Alfort n'ont nullement été ébranlés dans leur omnipotence par le vœu du Congrès, et nous attendons toujours les décisions d'en haut. Mais néant, M. Boulay est là !

En résumé, étant parvenu à faire disparaître et reparaître à volonté de nos contrées, par l'application de nos lois parasitaires, les épizooties qui y régnaient depuis les temps les plus reculés, ainsi que certaines épidémies,

Nous émettons les vœux suivants :

1º *Que les soldats comme les civils soient nourris avec du pain fabriqué de farines nouvellement extraites de bon blé et bien surveillées par les employés des manutentions de l'Etat ;*

2º *Que les viandes salées soient conservées dans des vases cylindriques, avec une couverture lourde exactement ajustée en dehors, de manière à descendre et comprimer la viande au fur et à mesure qu'elle est consommée, et qu'on ait toujours soin de la tenir affleurée par la saumure.*

Si la viande est mise dans des barils, on devra les ouiller souvent, de manière à remplacer l'évaporation spontanée par de l'eau salée.

On évitera d'employer la vieille saumure, dans les salaisons du civil et de l'armée, pour les nouvelles salaisons, où elles portent le germe parasitaire.

3° *Il sera fait une grande réunion de nourrices, qui seront alimentées avec les mêmes soins, et il ne périra pas un seul enfant de maladies infectieuses, et même aucun ne sera atteint de la petite vérole, si l'on sait éviter la contagion, quel que soit l'état sanitaire.*

4° *Tout médecin et vétérinaire opérateur qui dans son établissement suivra les mêmes principes pour la nourriture de ses malades et des sujets qu'il aura à opérer, n'aura aucune complication infectieuse à craindre à la suite de ses opérations.*

5° *Dans le Gâtinais on ne verra aucun accident d'ergotisme en traitant la farine de seigle et autres suivant nos lois parasitaires.*

6° *Dans le Milanais on ne verra plus de pellagre, dans les Marais-Pontins plus de malaria, en observant les mêmes précautions à l'égard de la farine de maïs et autres.*

7° *A Cayenne, lieu mal famé, les habitants, les soldats, les forçats n'auront plus la fièvre jaune en traitant la nourriture de la même manière que nous avons indiqué plus haut, et l'on n'aura plus à s'inquiéter d'aucun autre assainissement en évitant la contagion.*

8° *Dans l'Inde, le choléra spontané disparaîtra en traitant la farine de riz de la même manière, ainsi que les autres conserves.* Dura lex, sed lex.

9° *Les chevaux de l'armée, comme nous l'avions recommandé dix ans avant qu'on ne le fasse (mais nécessité fait loi), seront nourris de fourrages nouveaux dès la récolte; il n'en sera reçu dans le courant de l'année qu'autant qu'ils auront été pris dans des meules conservées en plein air ou sous des hangars; les pro-*

visions du courant doivent être déposées et exploitées sous des hangars.

Les plus grandes précautions seront prises pour avoir des avoines saines et sans odeur ; on aura soin de les examiner à la loupe et, au besoin , au microscope, ainsi que les fourrages et les farines.

10° En Galicie, la peste bovine ne surgira plus spontanément, en veillant à ce que les conserves alimentaires des bœufs des steppes soient soignées comme nous l'indiquions pour ceux de la France dès 1848.

11° Nous rappellerons ici les vœux que nous avons émis à l'Institut, le 2 octobre 1848, et à la page 416 de l'ouvrage que nous avons publié en 1849, et que nous avons adressé au Gouvernement et aux Sociétés savantes.

12° Il sera établi un Congrès sanitaire dans le pays natal de chacune des maladies épidémiques et épizootiques vagabondes, pour les entraver dans leur marche, mais essentiellement pour les éteindre à leur naissance par l'application de nos lois parasitaires à la nourriture des hommes et des animaux (1), sans s'occuper d'aucun autre genre d'assainissement, la plupart impossibles, tels que sur le Gange et le Danube , obstacles imaginaires.

En attendant que l'on fasse de sérieuses réflexions dans le monde savant sur des vérités d'un haut intérêt, notre esprit d'investigation , qui ne peut rester inactif, s'est dirigé du côté de l'origine de la rage.

Nous nous sommes mis à l'œuvre ; mais les difficul-

(1) *Voir* page 30, ligne 7.

tés que nous avons rencontrées, faute de dispositions convenables pour la sécurité des hommes que nous avons employés à nos expériences sur les chiens, nous ont forcé de les abandonner au moment où les résultats déjà obtenus nous laissèrent entrevoir des espérances.

M. le Ministre de l'Instruction publique a donc pris une heureuse détermination en cherchant à mettre à la portée de tous des moyens de recherches et d'expériences qui manquent surtout en province, où se rencontrent pourtant des hommes praticiens, investigateurs et ignorés.

Les hommes éminents autorisés, les praticiens sérieux qui sont favorables à l'expérimentation, loin d'être surpris de l'inertie qu'on nous a toujours opposée, nous prédisent que nos doctrines parasitaires, vers lesquelles le progrès marche aujourd'hui, ne pourraient bien être adoptées qu'après nous, parce que dans les régions élevées de la science on n'aime pas se trouver en face de novateurs obscurs qui renversent le piédestal sur lequel on est posé.

Ce qui le donne à penser, c'est qu'après avoir essayé de discréditer nos ouvrages on leur a partout fermé les passages, parce qu'on sait que toutes nos demandes sont renvoyées à nos adversaires officiels.

Cependant, quoiqu'il ne soit pas dans l'ordre des choses de s'adresser à son prince pour déterrer des questions de science, dont tout auteur isolé se résigne à supporter les conséquences, nous croyons, dès qu'il s'agit de la solution de la question toute sanglante des épidémies et des épizooties, dont les victimes incalculables regardent le Gouvernement, faire un appel à l'autorité suprême.

C'est pourquoi nous avons pris la résolution de présenter respectueusement nos travaux parasitaires à l'Empereur Napoléon III, avec prière de se faire rendre compte de leur valeur.

Nous ne doutons pas que, dès que l'Empereur sera convaincu des vérités que renferme notre mémoire , le génie organisateur de Sa Majesté saura faire la part aux hommes et aux choses, de manière à ce que, dans l'avenir, il ne se présente plus dans les sciences des abus d'une aussi grande énormité, qui n'avaient encore fixé l'attention d'aucun prince.

Etant éclairé sur le progrès du parasitisme épidémique, Sa Majesté nous fit l'honneur d'accueillir notre demande avec intérêt le 5 avril 1869, et le 26 nous reçumes de M. le Ministre de l'Agriculture, du Commerce et des Travaux publics la dépêche ci-contre.

Paris, le 26 avril 1869.

Monsieur,

L'Empereur m'a fait renvoyer la pétition que vous avez eu l'honneur d'adresser, le 5 avril courant, à Sa Majesté, pour obtenir la reprise, à l'École impériale vétérinaire de Toulouse, des études expérimentales sur les causes qui vous paraissent engendrer les épizooties infectieuses virulentes et contagieuses.

Je vous prie, Monsieur, de vouloir bien faire connaître clairement, nettement et sommairement quel est le but que vous vous proposez en demandant ces expériences, s'il s'agit, par exemple, de vérifier l'exactitude d'une doctrine médicale ou hygiénique, ou de constater la vertu curative d'un spécifique particulier contre une maladie déterminée.

Je vous serai obligé d'indiquer également comment vous entendez qu'il soit procédé, enfin de produire un programme et un plan d'exécution.

J'examinerai ensuite si mon administration est en

mesure, dans les conditions où elle se trouve et avec les ressources dont elle dispose, d'autoriser l'expérimentation.

Recevez, Monsieur, l'assurance de ma considération.

Le Ministre de l'Agriculture,
du Commerce et des Travaux
publics,

C. GRESSIER.

**A Monsieur le Ministre de l'Agriculture, du Commerce
et des Travaux publics.**

Monsieur le Ministre ,

J'ai reçu avec un vif intérêt la dépêche que vous
m'avez fait l'honneur de m'adresser , sous la date du
26 avril dernier, par laquelle vous me faites savoir que
l'Empereur vous a fait adresser la demande que j'ai eu
l'honneur de faire à Sa Majesté, le 5 du même mois,
dans le but de reprendre sous vos ordres, devant le
conseil des professeurs de l'École impériale vétérinaire
de Toulouse , auquel un chimiste et un naturaliste
pourraient être adjoints, des expériences pour démontrer la découverte de la source inconnue des épizooties
et des enzooties, et les moyens de les éteindre pour
toujours dans le lieu de leur naissance spontanée, en
commençant par les maladies charbonneuses, dans lesquelles se trouve comprise l'espèce dite *mal de montagne.*

Vous manifestez le désir, Monsieur le Ministre, que
je vous fasse connaître clairement, nettement et sommairement la manière de procéder pour atteindre le
but que je me propose.

Rien n'est plus facile, plus simple et moins onéreux

en étiologie que l'application de cette grande découverte, qui cependant nous a coûté trente années de recherches incessantes pour passer en revue toutes les causes présumées ; il nous suffit de nous transporter sur les lieux des sinistres et de constater la nature du sol des prés, la qualité des fourrages et l'état des lieux d'approvisionnements, pour indiquer aux cultivateurs la cause de la maladie et les moyens infaillibles d'éviter pour toujours le retour respectif de tel ou tel genre de maladie infectieuse ou charbonneuse spontanée.

Nous disons tel ou tel genre parce que nous avons découvert que la science vétérinaire confond, sous le nom de charbon, deux genres de maladies qui ont chacune une origine particulière et des moyens préventifs différents et respectivement infaillibles.

L'une est parasitaire et épizootique, avec bactéries dans le sang, et l'autre géologique et enzootique, sans bactéries dans le sang, à moins pourtant que le foin, géologiquement morbide, ne comporte des moisissures.

Cette distinction, que les académiciens en médecine ne pouvaient pas faire dans la sphère des grandes villes, pas plus qu'en passant quelques mois dans les campagnes envahies par le mal, explique pourquoi la commission des grands savants, présidée par M. Boulay, que vous avez envoyée l'année dernière en Auvergne (Cantal), pour étudier le mal de montagne (charbon), n'a pas, comme celles qui l'ont précédée depuis quinze ans, découvert la cause du mal de montagne.

La cause est cependant le seul but à atteindre pour

arriver aux moyens préventifs qui préoccupent essentiellement le Gouvernement.

Le *traitement et la nature des virus* étant la conséquence de la révélation de la cause, on pourra passer outre dans cette campagne, Monsieur le Ministre; c'est l'affaire de la science, que nous pouvons édifier à cet égard. Je laisse, du reste, cela à votre volonté.

Pour la gouverne de la commission de Toulouse, nous pouvons mettre ces messieurs en rapport, en Poitou, autour de la ville de Niort (Deux-Sèvres), avec MM. les maires et les cultivateurs de douze communes contiguës, où, depuis quinze ans environ, on est parvenu, par l'application de nos préceptes, à éteindre les maladies charbonneuses qui y régnaient d'une manière ruineuse depuis les temps les plus reculés; parmi ces maladies se trouvait la variété de charbon dite mal de montagne, que nous avons observée, en mai 1859, dans douze villages du canton d'Albon (Tarn), où il a régné de tout temps.

Ne soyez pas surpris, Monsieur le Ministre, si, dans l'espèce, nous avons distancé l'Académie de médecine. Les grands esprits qui aspirent à cette position ne pourraient pas sacrifier trente années de leur vie médicale pour chercher l'inconnu, tant ils sont préoccupés de s'identifier avec ce qui est connu.

L'humanité commande donc à ces messieurs d'entendre l'humble praticien qui, dans sa petite sphère rustique, peut faire des découvertes importantes.

J'ai l'honneur d'attendre vos ordres, Monsieur le Ministre, et si, comme je n'en doute pas, la société est assez heureuse pour que Votre Excellence veuille bien m'autoriser à m'expliquer devant le conseil des professeurs de Toulouse, le compte qui vous en sera rendu pourra vous décider à nous demander ensuite l'application à l'homme de nos lois parasitaires microphytes concernant les animaux. Et les nations civilisées seront reconnaissantes des grands services rendus à l'humanité par votre détermination, sous l'impulsion du génie de l'Empereur, qui a déjà pris l'initiative pour amener M. Pasteur à entreprendre ses travaux parasitaires sur les maladies des vins et des vers à soie, travaux postérieurs de dix-huit ans à nos découvertes concernant les maladies parasitaires et géologiques des animaux et de l'homme.

L'examen de notre volumineux dossier pourra édifier Votre Excellence sur les raisons qui nous ont déterminé à nous adresser à l'Empereur, et sur la valeur des grandes questions parasitaires microphytes et géologiques que nous traitons, et qui ont fait à notre endroit de grands progrès depuis 1860.

En attendant de Votre Excellence une bienveillante réponse,

> J'ai l'honneur d'être, Monsieur le Ministre, votre très-humble et très-dévoué serviteur.
>
> PLASSE.

Niort, le 8 juin 1869.